给小孩子看的植物书

古诗词中的植物

张燕杰◎编著

ⅠC 吉林科学技术出版社

目 录

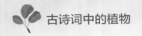

咏 柳

唐·贺知章

碧玉妆成一树高，万条垂下绿丝绦。
不知细叶谁裁出，二月春风似剪刀。

译文：

　　高高的柳树长满了翠绿的新叶，轻垂的柳条像万条轻轻飘动的绿色丝带。这细细的柳叶是谁裁剪出来的呢？原来是二月的春风，它就像一把灵巧的剪刀。

小·知识

古人离别之时经常折柳相送。一是因为"柳"和"留"谐音，表达依依不舍之情；二是古人认为柳树可以驱邪避鬼，行人带上它可以确保一路平安。

幽兰操

唐·韩愈

兰之猗猗，扬扬其香。
不采而佩，于兰何伤。

译文：

兰花开时，在远处就能闻到它幽幽的清香。如果没有人采摘兰花佩戴，对兰花本身并没有什么损伤。

小·知识

中国人历来把兰花看作是高洁、典雅的象征，因此中国古典诗词中，经常用兰花来比喻君子、隐士。

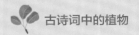
梅 花

宋·王安石

墙角数枝梅，凌寒独自开。

遥知不是雪，为有暗香来。

译文：

墙角处的几枝梅花，冒着严寒独自盛开。为什么从远处就知道洁白的梅花不是雪呢？因为有梅花的幽香飘来。

小·知识

梅花是中国的传统花卉，也是在中国古典诗词中经常出现的花。从古至今，梅花被用来比喻人的品格高洁。中国古代文人对梅花情有独钟，视赏梅为一件雅事。古人赏梅的标准是贵稀不贵密，贵老不贵嫩，贵瘦不贵肥，贵含不贵开。

白 梅

元·王冕

冰雪林中著此身，不同桃李混芳尘。
忽然一夜清香发，散作乾坤万里春。

译文：

　　白梅生长在有冰有雪的树林之中，并不与桃花、李花混在一起。忽然在某个夜里花儿盛开，清香散发出来，竟散作了天地间的万里新春。

小·知识

诗中的桃李指的是桃花和李花，现在用"桃李"指被老师教育的学生。

11

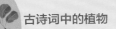

惠崇春江晚景

宋·苏轼

竹外桃花三两枝，春江水暖鸭先知。

蒌蒿满地芦芽短，正是河豚欲上时。

译文：

竹林外两三枝桃花初开，水中嬉戏的鸭子最先察觉到春天江水转暖。河滩上长满了蒌蒿，芦苇也长出短短的新芽，也该是河豚上来的时候了。

小知识

古代诗人常常把桃花与爱情结合在一起。桃花虽然开得灿烂好看，但是花期短暂，所以有时在诗人那里也被赋予了春光易逝的意义。

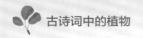

同儿辈赋未开海棠

金·元好问

枝间新绿一重重，小蕾深藏数点红。
爱惜芳心莫轻吐，且教桃李闹春风。

译文：

海棠枝间新长出的绿叶层层叠叠的，小花蕾隐匿其间微微泛出些许的红色。一定要爱惜自己那芳香的花蕊，不要轻易地盛开，姑且让桃花、李花在春风中尽情绽放吧！

小·知识

"棠"与"堂"谐音，古人常将海棠与玉兰、牡丹、桂花相配，寓意"玉堂富贵"；与五个柿子相配，寓意"五世同堂"。

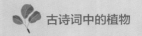
赏牡丹

唐·刘禹锡

庭前芍药妖无格，池上芙蕖净少情。
唯有牡丹真国色，花开时节动京城。

译文：

  庭院前的芍药花艳丽、妩媚，但缺乏骨格，池塘里的荷花素净，但缺少情趣。只有牡丹才是真正的国色天香，花开季节引得无数人欣赏，惊动了整个长安城。

小知识

牡丹花大而艳丽，被称为"百花之王"，一向被人们视为富贵、昌盛的象征。

17

小池

宋·杨万里

泉眼无声惜细流，树阴照水爱晴柔。
小荷才露尖尖角，早有蜻蜓立上头。

译文：

　　泉眼无声像是舍不得细细的水流，映在水里的树荫喜欢这晴天里柔和的风光。小荷刚刚从水面露出尖尖的头，早早已有蜻蜓立在上面。

小知识

　　因为荷花在淤泥中生长却不沾染污泥，所以历来象征着高风亮节、超凡脱俗。

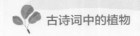

晓出净慈寺送林子方

宋·杨万里

毕竟西湖六月中，风光不与四时同。
接天莲叶无穷碧，映日荷花别样红。

译文：

到底是西湖六月的景色，风光与其他季节大不相同。那层层的荷叶铺展开去，像与天相接，一片无边无际的青翠碧绿，阳光下的荷花分外鲜艳娇红。

小·知识

杭州西湖是我国闻名的风景区，这首诗就是描写西湖六月风光的。

寒 菊

宋·郑思肖

花开不并百花丛，独立疏篱趣未穷。
宁可枝头抱香死，何曾吹落北风中。

译文：

菊花远离百花独自开放，独立在稀疏的篱笆旁边，情操意趣并未衰穷。宁可在枝头上枯萎而死，也绝不会被北风吹落。

小·知识

在诗人的诗词中，菊花不爱热闹，不与百花在春天争艳，而是在秋天开放，能够受得住孤独与寂寞的考验。象征着淡泊名利、无所畏惧的精神。

23

菊花

唐·元稹

秋丛绕舍似陶家，遍绕篱边日渐斜。
不是花中偏爱菊，此花开尽更无花。

译文：

丛丛秋菊围绕房舍，好似到了陶潜的故居。绕着篱笆观赏菊花，不知不觉太阳已经快落山了。并非我特别偏爱菊花，只是秋菊谢后，再也无花可赏。

小知识

陶潜又名陶渊明，号五柳先生，东晋著名诗人，是田园诗的开创者。田园诗就是以农村景物、自然风光以及安逸恬淡的隐居生活为描写对象的诗歌。

竹 石

清·郑燮

咬定青山不放松，立根原在破岩中。
千磨万击还坚劲，任尔东西南北风。

译文：

竹子抓住青山一点也不放松，它的根牢牢地扎在岩石缝中。经历无数磨难和打击依然坚定强劲，任凭什么风也吹不倒。

小·知识

古代的诗人经常把情感寄托于诗歌中来表达自我。这首诗表面上是写竹子顽强、不怕磨难的品质，实际上是写人，写作者自己那种正直、坚强，绝不向任何邪恶势力低头的性格。

於潜僧绿筠轩

宋·苏轼

宁可食无肉，不可居无竹。

无肉令人瘦，无竹令人俗。

译文：

　　宁可没有肉吃，也不能让居处没有竹子。没有肉吃人可能会瘦，但没有竹子人就会变得庸俗。

小·知识

　　古代文人把竹子空心、挺直、四季常青等特征赋予谦虚、有气节、刚正不阿等精神文化象征。

赋得古原草送别

唐·白居易

离离原上草，一岁一枯荣。

野火烧不尽，春风吹又生。

译文：

　　原野上长满茂密的青草，每年秋季枯萎后春天又重新生发出新绿。野火无法烧尽满地的野草，春风一吹就又生机勃发。

小·知识

　　古人如果用固定词句为题作诗，那么诗题前一般加上"赋得"二字，这是古人学习作诗以及科举考试命题作诗的常见方式，这种诗体称为"赋得体"。

相 思

唐·王维

红豆生南国，春来发几枝。

愿君多采撷，此物最相思。

译文：

红豆生长在阳光明媚的南方，每逢春天不知长多少新枝。希望思念的人儿多多采摘，因为它最能寄托相思之情。

小·知识

这里的红豆指的是一种叫作红豆杉树木的种子，不是我们吃的红小豆。

33

闲居初夏午睡起

宋·杨万里

梅子留酸软齿牙，芭蕉分绿与窗纱。
日长睡起无情思，闲看儿童捉柳花。

译文：

　　吃过梅子后，余酸还残留在牙齿之间，芭蕉的绿色映照在纱窗上。漫长的夏日，从午睡中醒来不知做什么好，懒洋洋地看着儿童追逐空中飘飞的柳絮。

小·知识

芭蕉的叶子硕大，雨下到芭蕉叶上发出的声音让人感觉凄凉，所以在古代诗词中芭蕉主要象征孤独寂寞和离别情绪。

35

图书在版编目（CIP）数据

给小孩子看的植物书 / 张燕杰编著. -- 长春 ： 吉林
科学技术出版社，2022.2

ISBN 978-7-5578-9175-6

Ⅰ. ①给… Ⅱ. ①张… Ⅲ. ①植物—儿童读物 Ⅳ.
①Q94-49

中国版本图书馆CIP数据核字(2022)第003749号

给小孩子看的植物书
GEI XIAOHAIZI KANDE ZHIWU SHU

编　　著　张燕杰
出 版 人　宛　霞
责任编辑　汤　洁
封面设计　长春美印图文设计有限公司
制　　版　长春美印图文设计有限公司
幅面尺寸　200 mm×225 mm　1/24
字　　数　45千字
印　　张　7.5
版　　次　2022年7月第1版
印　　次　2022年7月第1次印刷

出　　版　吉林科学技术出版社
发　　行　吉林科学技术出版社
地　　址　长春市净月区福祉大路5788号
邮　　编　130118
发行部电话/传真　0431-81629529　81629530　81629531
　　　　　　　　　　81629532　81629533　81629534
储运部电话　0431-86059116
编辑部电话　0431-81629518
印　　刷　吉广控股有限公司

书　　号　ISBN 978-7-5578-9175-6
定　　价　99.00元（全5册）

给小孩子看的植物书

代表城市的植物

张燕杰◎编著

吉林科学技术出版社

目 录

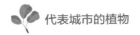

上海的市花 白玉兰

春天刚到，上海白玉兰就急着早早盛开了，花朵又大又白。朵朵向上的白玉兰象征着上海一马当先、奋发向上的精神。上海市的市徽中也有白玉兰。

小·知识

上海，简称"沪"，是中国最大的经济中心和港口城市。中国文化和外国文化在这里都很闪亮，是国际时尚大都市。

深圳的市花 三角梅

三角梅的花很细小，但是苞片又大又美，常常被误认为是花瓣，有鲜红色、紫红色、橙黄色、乳白色等颜色。三角梅的生命力旺盛，跟作为中国经济特区的深圳一样活力四射。

小·知识

深圳，简称"深"，是中国经济特区，在中国的制度创新、扩大开放等方面肩负着试验和示范的重要使命。

北京、天津的市花 月季

月季被称为"花中皇后"，原产自中国，有着漫长的种植历史。

因为其有着丰富的人文含义，所以被北京、天津等多个城市选为市花。天津是中国月季栽培历史最久的城市，所以一直以来被称为"月季之乡"。

重庆的市花 山茶花

冬去春来的时候，山茶花就开花了，花朵又大又艳丽。重庆人觉得它能代表重庆人热情奔放、勇敢拼搏的性格。古代很多诗人都喜欢写诗赞美山茶花。

小·知识

重庆，简称"渝"，因为这里山多，建筑都依山而建，所以又被称作"山城"。

08

张家口的市花 大丽花

大丽花可是世界名花，花色绚丽多彩，花形丰富多变，象征着大方富贵、大吉大利。

小·知识

张家口市位于河北省，是现存长城最多的地区，因此有"长城博物馆"的美称。

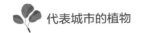
贵阳的市花 兰花

中国人历来把兰花看作是淡泊、高雅、美好的象征。它与"梅、竹、菊"并列，合称"四君子"。兰花是中国十大名花之一，是一种风格独特的花卉，它的结构与其他花不同，花色淡雅，很符合东方人的审美标准，观赏价值很高。

小·知识

贵阳，贵州省省会。因为在贵山的南面，所以叫贵阳。贵阳风景秀丽，夏天不热，冬天不冷，是旅游度假的好地方。

长春的市花 君子兰

君子兰一年四季都是绿色，是个可以活几十年的花中老寿星。君子兰冬天、春天都会开花，厚厚的叶子非常挺拔，花朵端庄大方，颜色丰富多彩，还能净化空气呢！

小知识

长春，简称"长"，是吉林省省会，黑土地资源丰富，被称作"北国春城"，是我国重要的工业基地，又被称为"汽车城"。

延吉的市花 金达莱

小·知识

延吉，吉林省延边朝鲜族自治州下辖县级市，朝鲜族人口众多。

每年5月，金达莱就会铺天盖地地开满山野。金达莱的花语是长久开放的花，勤劳善良的朝鲜族人民，用它来象征吉祥幸福和民族团结。

哈尔滨的市花 丁香花

春天来了，丁香花开了满树，香气扑鼻，很远都能闻到。丁香花生命力旺盛，是著名的观赏花木，已经有 1000 多年的栽培历史了。丁香花寓意勤奋、谦逊。

小·知识

哈尔滨是黑龙江省省会，因冬季漫长而寒冷又被称作冰城，是冬天很冷很冷的城市。

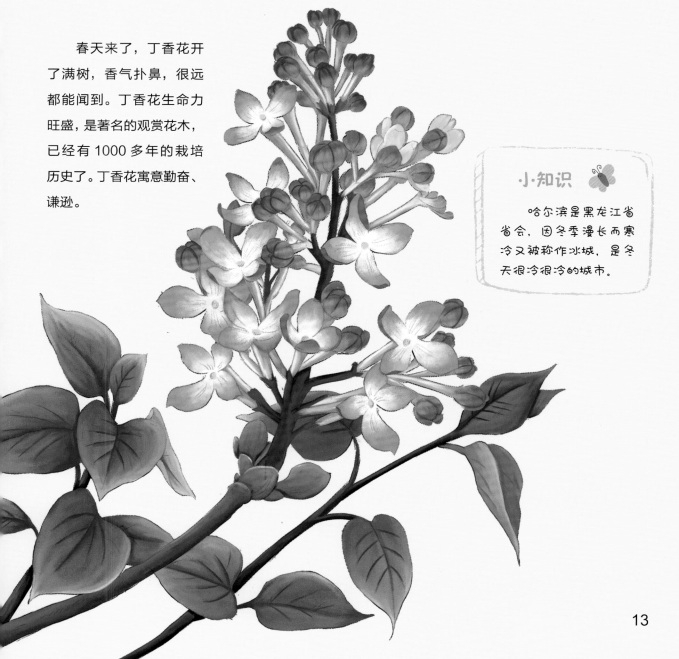

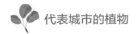

沈阳的市花 玫瑰

玫瑰花开的时候，一片姹紫嫣红，美丽鲜艳的玫瑰花香气袭人，特别受到人们喜爱。玫瑰在全世界都被认为是爱情的象征。

小·知识

沈阳，简称"沈"，是辽宁省的省会。中华人民共和国成立后，沈阳成为以装备制造业为主的重工业基地。

14

济南的市花 荷花

　　济南是历史文化之城，自古以来出了很多文化名人。济南又是著名的"泉城"，荷花就成为了这个地方具有代表意义的花卉。荷花在中国有着花中君子的美名，人们喜爱它"出污泥而不染"。

小·知识

　　济南是山东省的省会。济南泉眼众多，有名字的泉眼就有 72 个，因此，济南又被称作泉城。

枣庄的市花

石榴花

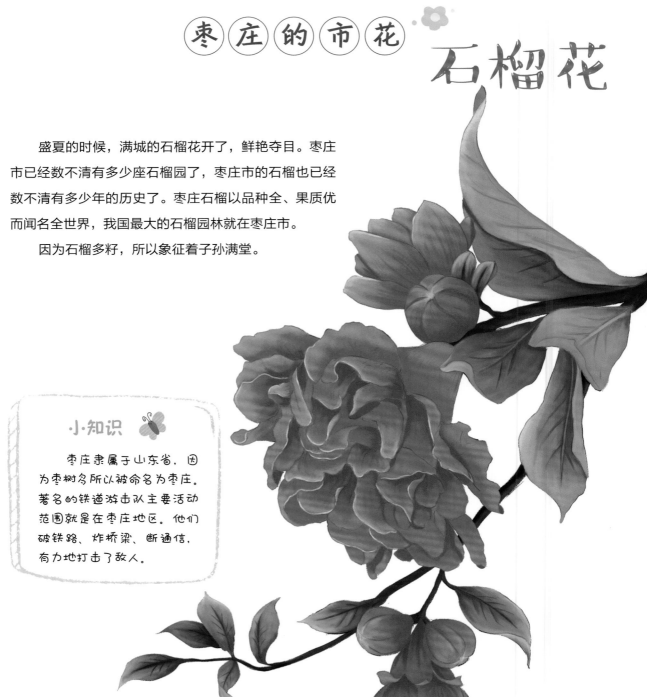

盛夏的时候，满城的石榴花开了，鲜艳夺目。枣庄市已经数不清有多少座石榴园了，枣庄市的石榴也已经数不清有多少年的历史了。枣庄石榴以品种全、果质优而闻名全世界，我国最大的石榴园林就在枣庄市。

因为石榴多籽，所以象征着子孙满堂。

小·知识

枣庄隶属于山东省，因为枣树多所以被命名为枣庄。著名的铁道游击队主要活动范围就是在枣庄地区。他们破铁路、炸桥梁、断通信，有力地打击了敌人。

烟台的市花 紫薇花

紫薇花开时正是夏秋季节，其色泽鲜艳、花期长、寿命长，有"百日红"之称，更有着"盛夏绿遮眼，此花红满堂"的赞誉。

小知识

传说有八位神仙，他们要渡过大海去参加王母娘娘的蟠桃会。于是，他们把自己的法器，芭蕉扇、拐杖等投入海中，站在这些法器上渡过了大海。

这个传说的发生地就是烟台。

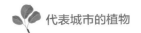

南京的市花 梅花

早春二月，梅花迎雪而开，开在百花之前，最早迎接春天的到来。它象征着坚韧不拔、不屈不挠的崇高品质和坚贞气节。南京人赏梅、爱梅，南京有梅园新村、梅花山等富有历史意义的胜地。

小知识

南京在中国历史上有重要的政治地位，曾仅次于北京。东吴、东晋和南朝的宋、齐、梁、陈相继把都城建立于此，所以南京被称为六朝古都。

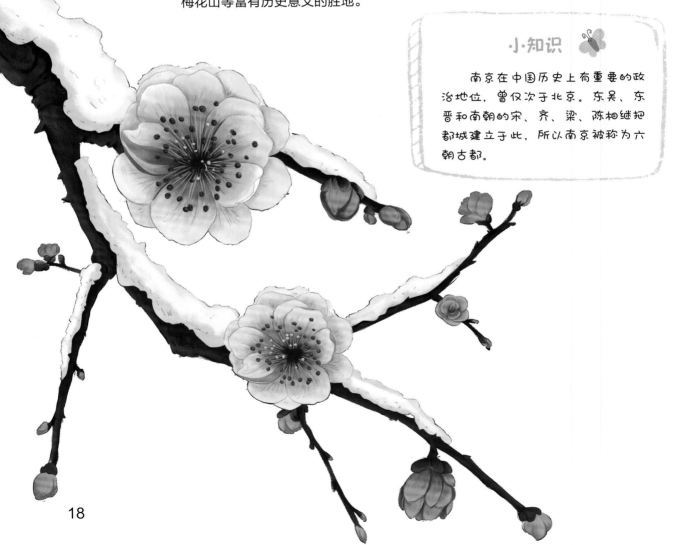

苏州、杭州的市花 桂花

金色的秋天，桂花开放了，苏州和杭州满城都飘着浓浓的桂花香。苏杭人喜欢香气浓郁的桂花，把桂花看作是吉祥和幸福的象征。桂花在苏杭已经有近千年的栽培历史，杭州满觉陇的桂花，更是大名鼎鼎。

小·知识

苏州和杭州，分别简称"苏""杭"，苏杭地区因风景秀丽、河网密布，是中国水稻高产区，因此被人称为"人间天堂""鱼米之乡"。苏州园林更是美不胜收，被列入到世界文化遗产名录。

19

扬州的市花 琼花

扬州人对琼花情有独钟，琼花的美很独特，以叶茂花繁、洁白无瑕名扬天下。琼花的寿命很长，扬州大明寺内有一株清朝康熙年间种植的琼花，已有 300 多年历史。

洛阳的市花 牡丹

　　洛阳牡丹的花朵很大，品种很多，花色鲜艳无比，每到花开之时，洛阳城便花海人潮。牡丹也是中国国花，它雍容华贵、富丽堂皇，寓意吉祥富贵、繁荣昌盛，是华夏民族兴旺发达、美好幸福的象征。

小·知识

　　洛阳是十三朝古都，洛阳牡丹最为出名。因此，洛阳有"千年帝都""牡丹花城"的美誉。

开封的市花 菊花

菊花虽然是我们平时比较常见的花，但它却是中国十大名花之一，被人们赋予了高风亮节的意义，中国人有重阳节赏菊和饮菊花酒的习俗。

小知识

开封，简称"汴"，是河南省地级市。河南开封的菊花早在北宋时期就已很有名气，开封因此也被称为"菊城"。

香港特别行政区 紫荆

紫荆全年开花，花期时间久，三月份时的紫荆最为美丽，它的花语是骨肉亲情、和睦。早在1965年，香港已经采用紫荆作为城市的代表植物，1997年香港回归后还被用在区徽上。

23

大理的市花 杜鹃

传说古时候的杜鹃鸟，日夜哀伤地鸣叫，吐出的血染红了遍山的花朵，杜鹃花的名字就这么得来了。每到春天，杜鹃花开得漫山遍野，远远看去整个山坡都是红色的，所以杜鹃花也叫映山红。

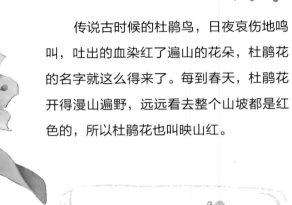

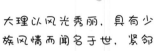

小·知识

大理以风光秀丽，具有少数民族风情而闻名于世，紧邻苍山洱海的它被誉为"杜鹃花的故乡"。

24

漳州的市花 水仙花

水仙花有着"凌波仙子"的美称。漳州培植水仙花的历史十分悠久。漳州的水仙花鳞茎硕大，花繁叶茂，色亮香浓，有"天下水仙数漳州"的说法。它象征人民美好幸福的生活。

小·知识

漳州是福建省的一座城市。漳州有山有海，有古老巨大的土楼，有很多丰富多彩的民俗活动。

广州的市花 木棉

木棉树树冠总是高出周围的树群，以争取阳光雨露。木棉花盛开的时候，枝干上布满艳丽而硕大的花朵，鲜艳似火，非常耀眼，极为壮丽，有"英雄树"的美称。木棉代表着奋发向上的精神，象征着广州市人民蓬勃向上的事业和生机。

南昌的市花 金边瑞香

金边瑞香是瑞香的变种，叶子边缘为黄色，因此被称为金边瑞香。"瑞"是吉祥的意思，因此金边瑞香被认为是吉祥之花。

小知识

南昌是江西省的省会。其名源于"昌大南疆、南方昌盛"之意。南昌市自古就是一座水城，被称为"襟三江而带五湖"。

佛山的市花 白兰

佛山的市花白兰和上海的市花白玉兰可不是一种花哦，它们不仅长得不一样，味道也不一样。白兰有一种清新怡人的味道，而白玉兰没有。佛山人认为白兰有温馨、宁静的特点，能够代表佛山的城市形象。

小知识

唐朝时期，佛山还是一个不出名的城，某天在一个叫塔坡岗的位置挖出了佛像，所以这个城以后就被叫做佛山。

成都的市花 芙蓉

成都也被称为"蓉城"，顾名思义，芙蓉花应是成都人的最爱了。芙蓉花花瓣接近圆形，初开时为白色或淡红色，之后会慢慢变成深红色，这种变化被人们称作是三醉芙蓉。

小知识

成都简称"蓉"，是四川省省会。相传五代后蜀皇帝为讨妃子欢心，在成都城头种满了芙蓉花，成都自此也就有了"蓉城"的美称。

29

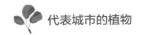

岳阳的市花 栀子花

栀子花花色洁白，花香浓郁，让人心情愉快。岳阳城到处都是栀子花，端午节前后，花开满城，花香满城。

小·知识

岳阳文化气息深厚、风景秀丽，有名山、名水、名楼，是历史文化名城，更是著名的旅游胜地。

30

福州的市花 茉莉花

茉莉花洁白清香，清新雅致，可以做花茶和香精。早在 2000 多年前，茉莉花就深受福州人民喜爱，是彰显福州城市魅力的重要元素。茉莉花象征着谦虚、有内涵。

31

汕头的市花 金凤花

在众多市花当中，金凤花的颜色和香气不是最特别的，但是它的花型很奇特，就像一只凤凰在飞翔，有头有尾有翅膀有足，像真的凤凰一样。

宝鸡的市花 海棠花

海棠花是中国的传统名花之一，是中国特有的植物。海棠花花开似锦，有"花中神仙""花贵妃""花尊贵"的称号，更有"国艳"的美称，常与玉兰、牡丹、桂花一起种植，取"玉堂富贵"的意思。

小知识

宝鸡是山西省地级市，宝鸡古时候叫做陈仓，就是"明修栈道，暗度陈仓"中的陈仓。

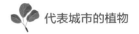

泉州的市花 刺桐花

刺桐高大繁茂、花红似火。它的寓意是红红火火，吉祥富贵，表达了人们对未来的美好希望。

小知识

泉州是福建省地级市。因环城遍植刺桐树，又被称为"刺桐城"；又因古时候的城池形状像鲤鱼，也被称作"鲤城"。

拉萨的市花 格桑花

在藏语中，"格桑"是"美好时光"或"幸福"的意思，藏族人民经常借着格桑花表达和抒发美好的情感。格桑花在藏族人民心中有着非常高的地位，被藏族人民视为象征着爱与吉祥的圣洁之花。

小·知识

拉萨是中华人民共和国西藏自治区首府，是有雪域高原和民族特色的国际旅游城市。因为平均每天有8小时的太阳照射，所以又被称为"日光城"。

图书在版编目（CIP）数据

给小孩子看的植物书 / 张燕杰编著. -- 长春 ： 吉林
科学技术出版社，2022.2
ISBN 978-7-5578-9175-6

Ⅰ. ①给… Ⅱ. ①张… Ⅲ. ①植物—儿童读物 Ⅳ.
①Q94-49

中国版本图书馆CIP数据核字(2022)第003749号

给小孩子看的植物书
GEI XIAOHAIZI KANDE ZHIWU SHU

编　　著　张燕杰
出 版 人　宛　霞
责任编辑　汤　洁
封面设计　长春美印图文设计有限公司
制　　版　长春美印图文设计有限公司
幅面尺寸　200 mm×225 mm　1/24
字　　数　45千字
印　　张　7.5
版　　次　2022年7月第1版
印　　次　2022年7月第1次印刷

出　　版　吉林科学技术出版社
发　　行　吉林科学技术出版社
地　　址　长春市净月区福祉大路5788号
邮　　编　130118
发行部电话/传真　0431-81629529　81629530　81629531
　　　　　　　　　　81629532　81629533　81629534
储运部电话　0431-86059116
编辑部电话　0431-81629518
印　　刷　吉广控股有限公司

书　　号　ISBN 978-7-5578-9175-6
定　　价　99.00元（全5册）

给小孩子看的植物书

餐桌上的植物

张燕杰◎编著

吉林科学技术出版社

目 录

　　玉米汁、玉米饼、烤玉米、爆米花……玉米虽然好吃，在我国却很少被当作主食，但是在美国和墨西哥这些国家，玉米可是非常重要的主食。玉米的个子高高的，一节一节的茎很粗，叶子又宽又长。你知道吗？一棵玉米上开着两种花呢，顶上开着雄花，中间叶子的根部开着雌花。

雄花

玉米

雌花

小·知识

　　玉米的花没有鲜艳的花瓣，所以看着不像花。玉米的胡须其实就是残留的一部分花。

玉米植株

辣椒

辣椒为什么是辣的呢？因为它要传播种子。辣椒的种子宝宝很脆弱，为了不被有牙齿的动物咬碎，所以辣椒就长出了辣椒素让自己变辣，这样怕辣的哺乳动物就不吃了。但是鸟类不但感觉不到辣味，而且没有牙齿，所以不会把辣椒种子消耗掉，这样四处飞的鸟类就可以为辣椒传播种子了。植物真的是太聪明了！

小知识

辣椒来自遥远的南美洲，现在它已经遍布全世界了。辣椒是一个大家族，兄弟姐妹特别多，有不辣的灯笼椒，也有辣得要命的朝天椒。

外形像牛角的牛角椒

外形像灯笼的灯笼椒

辣椒因品种、生长时期不同，而有着不同的颜色。生长前期以绿色居多，生长后期以红色居多。

辣是什么感觉？

辣椒不是长在树上的，它是植株的果实。

因向着天空生长而得名的朝天椒

水稻

稻又叫水稻。既然是"水"稻，那种植过程中一定需要大量的水吧？没错，水稻田里一般都是灌满很多水的，有的地方农民伯伯还会在稻田里养鱼。

果实

叶

大米是水稻的果实去壳后的一种形态，具有较高的营养价值。

大米

茎

水稻的总产量占世界粮食作物产量第三位，仅低于玉米和小麦。

根

水稻植株

谷子

没有那么多水的地方，农民伯伯就种谷子，因为谷子比较耐旱，不需要灌溉。谷子的果实富含淀粉，可以食用，它的茎和叶可以作为牲畜的饲料。

果实

叶

茎

根

谷子植株

小米

成熟谷穗上的小粒去皮后就是小米。

谷子作为人类最早栽培的植物之一，经过长期种植，品种繁多，它的谷粒大体分为粘或不粘两类。

小麦 燕麦

小知识

　　植物分类是很复杂又很有趣的学问。简单讲呢，一般情况下，植物的繁殖器官（花、果实和种子）越相似，就越有可能属于同一科哦；不过营养器官（根、茎和叶）一般不作为分类的依据。

　　小朋友爱吃馒头、面条、面包和饼干吗？你们知道它们是从哪里来的吗？它们都是面粉做的。面粉是全世界人民的重要主食。面粉又是从哪儿来的呢？大部分面粉都是小麦粉，就是用小麦的种子磨成的粉。说起小麦可是太古老了，一万多年前它就已经被种植了。小麦不怕干旱，不像水稻需要那么多的水。

包子

面包

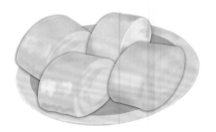

馒头

小麦

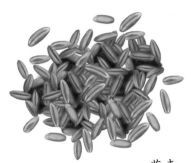

燕麦

我们经常吃的还有燕麦，为什么叫燕麦呢，因为很久以前燕麦都是野生的，是燕子和麻雀们的食物，所以就叫燕麦。燕麦一般长在比较冷、比较干燥的地方。

小麦和燕麦的麦穗上都长着像针一样细长的芒，尖尖的芒能防止种子被吃，还能带着种子粘在动物皮毛上去旅行。

小麦植株

燕麦植株

"一个淘气包，穿着翠绿衣，戴着黄花帽，浑身都是刺，淘气满架跑。"

这个淘气包就是黄瓜。黄瓜为什么带刺呢？因为我们吃的都是嫩黄瓜，越嫩的黄瓜刺越多、越尖，等到老的时候刺就掉了。这是黄瓜在保护自己的种子，嫩黄瓜的种子还没有成熟，有刺可以防止动物来吃，等种子成熟以后刺就掉了，动物来吃就可以帮助黄瓜传播种子了。黄瓜不仅可以做成菜，还可以生吃，清热、解毒。

黄瓜片

黄瓜植株

小问题

小朋友想一想还有什么植物像黄瓜一样，用"刺"来保护种子呢？

西葫芦

西葫芦，这个看着浑身嫩绿，像胖版黄瓜的家伙，还真不是我们国家土生土长的植物，它的原产地是北美洲，在世界各地都有种植，我们国家是后来才引进的，现在多在我国北方种植。西葫芦皮薄、肉厚、水分多，身上没有刺，一般没有人生吃。制作成菜肴后常吃能够润肺止咳，增强人体的免疫力。

小·问题

西葫芦跟黄瓜总是让人傻傻分不清。他们外皮及里面肉质的颜色相似，还都是长圆柱形，怎么区分它们呢？

西葫芦片

甘蔗 甜菜

　　甜甜的糖从哪里来？来自于南方的甘蔗和北方的甜菜。甘蔗的茎很高很粗壮，像竹子似的一节一节的，它含有非常甜的汁液，可以榨出来做糖。有的甘蔗可以直接削皮切段来吃。而甜菜呢，矮矮的像一棵菠菜，它的根像圆圆的萝卜，但比萝卜要甜很多很多，所以人们就把甜菜的根变成糖。

小问题

甘蔗和甜菜分别是什么地方甜呢？

甘蔗

甜菜

12

菠菜

菠菜也叫红根菜，因为它的根是红色的，叶子的根部也有些红色，这点跟甜菜有点像呢。

妈妈是不是特别喜欢让小朋友吃菠菜呢？那是因为菠菜含有营养丰富的维生素和矿物质，特别是铁元素，能够促进血红蛋白生成，改善贫血症状。

小知识

菠菜虽然有营养价值，但是菠菜里含有大量的草酸，吃多了会影响钙的吸收，所以小朋友不适合吃太多的菠菜。

生菜 莴笋

生菜和莴笋其实是同一种植物——莴苣——的不同变种，就是我们栽培出的不同口味的品种。生菜主要吃的是叶，莴笋主要吃的是茎。

莴笋

生菜

生菜和莴笋都是在没有开花的时候就被人们采摘来吃了，它们的花是像蒲公英花一样的小黄花，种子也是像蒲公英种子一样的小伞，因为他们和蒲公英都属于菊科植物。

生菜花

蒲公英花

蒜 蒜苗 蒜薹

"弟兄七八个，屋里团团坐。屋顶一打破，立刻分家过。"

这是什么呢？原来是蒜头，它是人们经常吃的作料。蒜头是蒜的鳞茎，鳞茎就是像鳞片一样的茎。蒜头虽然长在土里，形状圆圆的，但其实它是茎，不是根。

叶（蒜苗）

茎

小·提示

生的蒜头是辣的，但是烤熟了吃就一点都不辣了。常吃蒜头可以消炎杀菌、预防感冒。

蒜头，需要剥掉皮吃里面的蒜瓣。

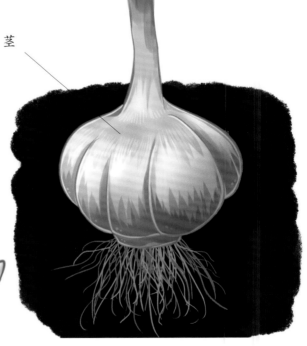

花苞

把蒜头种在土里长出的叶子就是蒜苗。蒜要开花的时候才会长出来蒜薹，小朋友认真看一看，蒜薹头上鼓起的尖尖头就是还没开花的花苞。

蒜薹

葱花

葱叶

葱的叶子是圆筒状的，洋葱的叶子是扁平状的，而且一般情况下葱的叶子比洋葱的叶子大。

葱

小朋友有没有发现，葱的叶子跟一般植物的叶子都不太一样，是中空的。其实葱叶在小时候是实心的，慢慢才长成空心的。

气腔

小·知识

葱的叶子为什么是空心的呢？原来是葱为了适应干旱的天气，在叶中间形成一个中空的气腔，在这个气腔内进行气体交换，就可以防止水分跑掉。

18

洋葱

洋葱和葱虽然看起来不一样，但它们是非常像的植物，吃起来都有点辣。洋葱的"洋"字，是外来的意思，所以洋葱是外来植物，而葱的老家就是中国。

圆圆的洋葱是洋葱的茎，其实洋葱也有绿色中空的叶子，和葱叶非常像。它们都开球形的花。

大豆 豆芽 毛豆

豆浆

"兄弟三五个，圆头又圆脑。住在大刀屋，秋天往外跑。"

这个谜语说的是大豆。大豆也叫黄豆，是我们中国土生土长的粮食。大豆是植物蛋白的重要来源，蛋白质很重要，没有蛋白质就没有生命。我们长高长壮可少不了蛋白质的功劳。

豆腐

黄豆酱

酱油

小知识

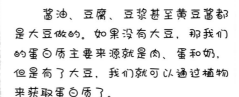

酱油、豆腐、豆浆甚至黄豆酱都是大豆做的。如果没有大豆，那我们的蛋白质主要来源就是肉、蛋和奶，但是有了大豆，我们就可以通过植物来获取蛋白质了。

大豆是种子，大豆发芽就变成胖乎乎的豆芽；大豆开花以后结出的毛豆在没有成熟的时候是绿色的，就是我们爱吃的毛豆；毛豆成熟以后就变成了黄色，里面的种子也变成了黄色，就是大豆。

大豆

豆芽

成熟的毛豆

未成熟的毛豆

花生

小问题

小朋友想一想，我们还吃过什么类似花生的果实呢？四季豆、红豆、豌豆这些是不是荚果呢？

"麻屋子，红帐子，里面住个白胖子。"

小朋友知道吗，这就是花生。它是从土里挖出来的，带着外层皮的花生是植物落花生的果实，里面的花生仁是种子。花生的生长过程非常有趣。落花生开花以后，会在枯萎的花上长出一根果针，果针会带着枯萎的花钻进土里，在土里长出像豆角一样的果实。每个果实里面有几颗种子，这些种子就是我们吃的花生仁。花生是不是跟大豆有点像呢？虽然颜色不一样，但都是豆荚一样的果皮里包着几个圆圆的种子，这种果实都叫荚果。

开花的
落花生

枯萎的花

长出果实的
落花生

花生

青菜 油菜 油菜籽

青菜、油菜、油菜籽傻傻分不清？

　　刚长出嫩叶的油菜叫青菜；油菜花谢了会结出细长的果实，里面睡着的深褐色种子就是能榨出菜籽油的油菜籽。

小·提示

　　油菜籽、大豆、花生、油橄榄都可以榨出食用油。但是花生油和橄榄油比较贵，一般情况下南方人常吃菜籽油，北方人常吃大豆油。

油菜籽

青菜

油菜花

油菜植株

白菜 白萝卜

　　白菜和白萝卜看起来是如此不同，翠绿的白菜是植物的茎叶，圆滚滚的白萝卜是植物的根。人们经常说："萝卜白菜，各有所爱。"小朋友，你爱哪个呢？它们在中国已经有好多好多年的种植历史了，是我们餐桌上的常客。

　　白菜和白萝卜看起来、吃起来一点都不一样，但却同属于十字花科植物。

小知识

　　白菜花是黄色的，白萝卜花是白色、粉红色或淡紫色的。小朋友数一数，你会发现它们都是四个瓣的，看着是不是像"十"字呢？有十字形花冠是十字花科植物的重要特征哦。

白菜植株

白菜

白菜花

白萝卜

萝卜露在外面的部位是青色的。因为受到太阳光线的照射，所以要比埋在土里的白色部位更甜脆。

白萝卜花

白萝卜植株

胡萝卜

胡萝卜虽然也叫萝卜，但是它跟白萝卜可不是一家的。胡萝卜的"胡"字，是外来植物的标志，胡萝卜在很久很久以前就传入中国了。

胡萝卜含有丰富的胡萝卜素和维生素，多吃会让小朋友健康成长，可以让小朋友长高，还可以保护小朋友的眼睛。

胡萝卜花

小知识

胡萝卜的花非常小，聚在一起像一把小伞，这是伞形科植物的重要特点。小朋友想一想，还有哪种植物的花聚在一起像小伞？

胡萝卜植株

西红柿

明明是西红柿，为什么叫番茄呢？原来西红柿一般是北方的叫法，南方人喜欢叫它番茄。番茄的"番"就是国外或者外族的意思，所以一般加上"番"字的植物，都是表示从很远的地方传到中国的。

两室　　　　　多室

西红柿植株

小·知识

如果把西红柿切开，你会看到有的西红柿只有两个"小房间"，有的西红柿有很多"小房间"，这就是"两室"和"多室"，就像我们的单眼皮和双眼皮一样，是遗传呢。

27

如果说茄子和土豆是一家的，你信吗？它们长得完全不一样，茄子是地上的果实，土豆是地下的块茎，但它们开的花却很像，花冠都是合瓣，所以它们同属茄科植物。

茄子 土豆

茄子

茄子花

茄子植株

28

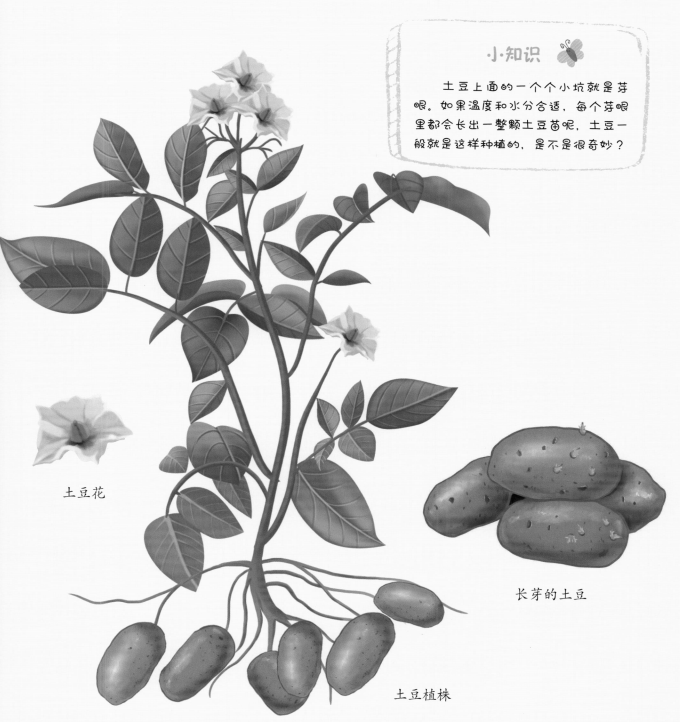

土豆上面的一个个小坑就是芽眼。如果温度和水分合适，每个芽眼里都会长出一整颗土豆苗呢，土豆一般就是这样种植的，是不是很奇妙？

土豆花

长芽的土豆

土豆植株

丝瓜的形状和黄瓜很像，但是丝瓜没有刺。我们吃的丝瓜也是还没有成熟的嫩丝瓜，成熟以后的丝瓜皮是干的，里面的瓤变成了网状的丝瓜络，干丝瓜络可以当作洗澡或者洗碗的工具，小朋友家里可能就有丝瓜络，丝瓜络还能入药治病呢。

丝瓜

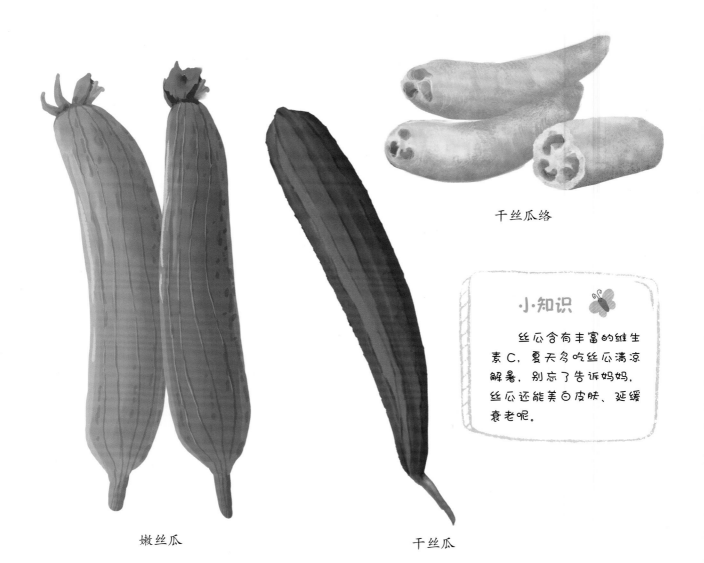

干丝瓜络

嫩丝瓜

干丝瓜

小·知识

丝瓜含有丰富的维生素 C，夏天多吃丝瓜清凉解暑，别忘了告诉妈妈，丝瓜还能美白皮肤、延缓衰老呢。

竹笋

"头戴尖尖帽，身穿节节衣。春天一下雨，钻出湿湿地。"

这个神奇的植物就是竹笋。竹笋是竹子刚冒出土的嫩芽，很多人特别喜欢吃。竹子分很多种类，有些竹子很粗很高，有些竹子很细很矮。竹子有很多茎是在地下横着长的，一节一节的地下茎像鞭子一样，所以也叫竹鞭。竹笋就是竹鞭发的芽，竹笋宝宝长大后就是一棵新竹子了。

小·知识

竹子的繁殖很少靠种子。因为竹子很少开花，很少有种子。有些竹子几十年甚至一百年才开一次花，有些竹子只开一次花就完全干枯了。

竹笋

竹鞭

南瓜既可以当蔬菜又可以当粮食，我们有时候吃绿色的嫩南瓜，有时候吃黄色的老南瓜。南瓜是果实，里面白色的南瓜子是种子，南瓜子还可以炒熟做干果吃。世界上最大的南瓜能长成像小轿车一样大！

南瓜

 小知识

在美国等国家，喜欢用南瓜做成甜品。过万圣节的时候，还会把南瓜做成南瓜灯。

南瓜子是南瓜的种子，一般呈黄白色，晒干了吃起来很香。

西瓜子是西瓜的种子，黑边白心。

葵花子是向日葵的果实，是最常见的零食。

苦瓜

苦瓜的苦味是为了防止动物来吃它，保护还没成熟的种子。而当苦瓜成熟的时候，不但苦味消失了，还会爆开，露出里面包裹着红色甜皮的种子。鲜艳的红色和甜甜的味道，是为了吸引动物来吃的时候，帮助它传播成熟的种子。

你看，我们餐桌上看起来很普通的植物也是非常神奇的。从我们身边开始，无数令人惊叹的植物，还等着我们去探索呢！

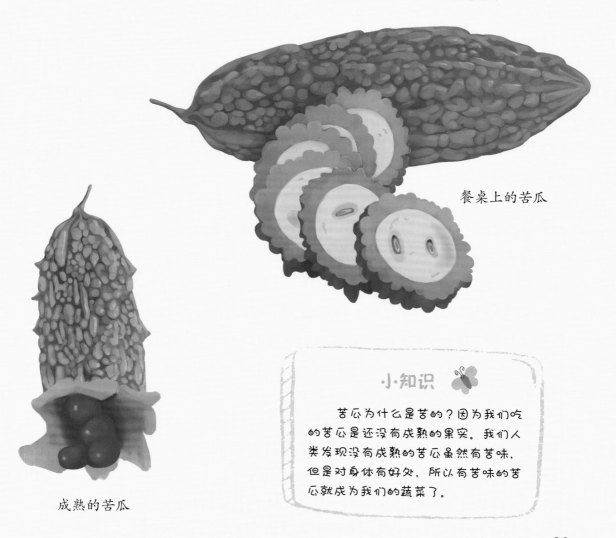

餐桌上的苦瓜

成熟的苦瓜

小·知识

苦瓜为什么是苦的？因为我们吃的苦瓜是还没有成熟的果实。我们人类发现没有成熟的苦瓜虽然有苦味，但是对身体有好处，所以有苦味的苦瓜就成为我们的蔬菜了。

藕吃起来很脆，可以生吃。切开后会看见大大小小的孔，拉出长长的丝。藕是莲的地下茎，食用藕，要挑选外皮呈黄褐色的，如果发黑，就不适合食用了。上餐桌的藕要选择藕节短、藕身粗的。

小·知识

藕是莲的茎，是莲贮藏养分的地方，所以藕会变大变粗。

韭菜

韭菜原产于我国，几乎全国都有种植。它含有大量维生素和粗纤维，能促进胃肠蠕动，治疗便秘。韭菜生长很快，被收割以后，会重新长出来。一年能收割好几次。

小·提示

人吃过韭菜后，嘴里会有很强烈的气味，很多人都不喜欢这种味道，所以吃过韭菜后要记得漱口。

图书在版编目（CIP）数据

给小孩子看的植物书 / 张燕杰编著. -- 长春 ： 吉林
科学技术出版社，2022.2
　　ISBN 978-7-5578-9175-6

　　Ⅰ. ①给… Ⅱ. ①张… Ⅲ. ①植物—儿童读物 Ⅳ.
①Q94-49

　　中国版本图书馆CIP数据核字(2022)第003749号

给小孩子看的植物书
GEI XIAOHAIZI KANDE ZHIWU SHU

编　　著	张燕杰
出 版 人	宛　霞
责任编辑	汤　洁
封面设计	长春美印图文设计有限公司
制　　版	长春美印图文设计有限公司
幅面尺寸	200 mm×225 mm　1/24
字　　数	45千字
印　　张	7.5
版　　次	2022年7月第1版
印　　次	2022年7月第1次印刷

出　　版	吉林科学技术出版社
发　　行	吉林科学技术出版社
地　　址	长春市净月区福祉大路5788号
邮　　编	130118

发行部电话/传真　0431-81629529　81629530　81629531
　　　　　　　　　　81629532　81629533　81629534
储运部电话　0431-86059116
编辑部电话　0431-81629518
印　　刷　吉广控股有限公司

书　　号　ISBN 978-7-5578-9175-6
定　　价　99.00元（全5册）

给小孩子看的植物书

有毒的植物

张燕杰◎编著

吉林科学技术出版社

目 录

小朋友看看夹竹桃的叶子和花朵，与竹叶和桃花有什么不一样呢？

夹竹桃

有一种像小树一样高的灌木，叶子像竹叶，花朵却像桃花，这是什么植物？原来它叫夹竹桃。夹竹桃会结桃子吗？并不会，夹竹桃一般只开花不结果。它好长好长时间都在开花，开的花很漂亮，有红色、黄色和白色。但是，美丽的夹竹桃从头到脚都有毒，它的叶、花、种子、树皮和根都有很强的毒性，牛羊要是不小心吃了，有可能会被毒死。所以小朋友看到夹竹桃远远观赏就好了，千万不要碰。

桃花

夹竹桃的花

夹竹桃的叶

竹叶

夹竹桃的植株

曼陀罗

曼陀罗是个超级旅行家，它漫游了全世界，在哪都能快乐地生活。如果你在墙角看到一种大叶子植物，开着白色喇叭花，长着刺球果实，大概率就是曼陀罗了。

曼陀罗全身都有毒，花和种子有剧毒。但是，经过科学地加工，曼陀罗的花、叶和种子都可以入药治病。你知道吗？很多有毒的植物都能当药材。

小问题

小朋友们说一说标注问号的两个图片是曼陀罗的什么部位呢？

石蒜是蒜香排骨里的蒜吗？不是，它有毒，不是吃的，是看的，因为它的花朵鲜红美丽。它还有好几个名字：红花石蒜、彼岸花、曼珠沙华。石蒜长叶子的时候不开花，开花的时候叶子已经落了，所以石蒜的花与叶永远不会相见。

石蒜

小·问题

石蒜还有什么名字呢？

绣球

有一种花，一簇一簇的像球一样，这是绣球花。绣球花有粉红色、淡蓝色、白色几种颜色。它还有一个名字叫八仙花，传说是八仙过海里面的何仙姑用仙种种出来的。

绣球花喜欢温暖湿润的环境，现在它"跑"到了很多地方，小朋友在公园里看看能不能找到它。

小·提示

绣球的花和叶可以入药，虽然毒性比较小，但是我们也尽量不要采摘。

 有毒的植物

 水仙

水仙，长着绿色长长的叶子，白色的六个花瓣中间有个黄色的小碗，像水中美丽的仙子。在我国，水仙的栽培历史已经有一千多年了。但是我们要知道，水仙花虽然美丽，但它根部像洋葱一样的鳞茎是有毒的，所以我们只要欣赏花的美丽，不要误食它的鳞茎。

 小·提示

有句俗语叫作"水仙不开花——装蒜"，这就说明水仙和蒜很像，但是两者还是有区别的。水仙的鳞茎是卵球形状，是整体的，而蒜可以分瓣，还有就是蒜可以食用，而水仙只能用作观赏。

水仙

蒜

马利筋

马利筋的花朵有两层花瓣，下面一层是紫色或红色，上面一层是橙色或黄色，是不是很奇怪？更奇怪的是，马利筋几乎全年都在开放。更更奇怪的是，马利筋全身都有乳白色的汁液，那可不是牛奶，而是毒性很大的毒液。

小·问题

为什么说马利筋的花朵很特别呢？

毛地黄

毛地黄长得跟小朋友差不多高，花朵像一个个小喇叭，一大串一大串的，有粉色、黄色……

人们很喜欢栽种这么漂亮的花。毛地黄有毒，但它的叶子可以入药治心脏病。

小·故事

在毛地黄的老家——遥远的欧洲，传说坏妖精将毛地黄的花朵送给狐狸，让狐狸把花套在脚上，这样它捕猎的时候就不会发出声音。所以，毛地黄就多了一个名字——狐狸手套。

烟草

大人们抽的香烟是用什么做的？是用烟草大大的叶子做的。在我国，无论南方还是北方，都种植了很多烟草来制作香烟。虽然烟草全身有毒，但做药能消肿、解毒、杀虫。

小·提示

香烟对人体是有害的，小朋友们可以提醒吸烟的长辈们，吸烟有害健康哦。

木薯

木薯长得像小树，它会长出很多像红薯一样胖胖的大块根。这些块根是可以吃的，南方很多地方都会种木薯来吃。其实生的木薯块根是有很大毒性的，但是经过高温蒸煮过，毒性就没有了。所以，我们吃木薯的时候，一定要蒸煮或烘烤至完全熟了再吃。

小·问题

小朋友们看看上面这两个小图是木薯的什么部位呀？

两面针

有一种植物，它的叶子两面长着很多刺，像尖尖的针一样。所以它就被叫作两面针。

两面针小时候很独立，但是这直立的小灌木长大以后，就会爬到大树上变成爬藤植物。两面针的毒性比较小。两面针的根、茎、叶、果皮都可以作药材，把它放到牙膏里，还可以缓解牙疼呢。

小·问题

这种植物为什么要叫两面针呢？

13

在我国南方的山里，每到秋天，乌头便会开出一串串蓝紫色的花朵，非常美丽。

有人说乌头花的形状像乌鸦的头，所以起名叫乌头。很久以前人们就发现乌头的根有毒，但恰恰利用这种毒，人们研究出了很多药，有毒的乌头就这样变成了有用的中药材。

乌头

乌头花

乌鸦的头部

小·问题

植物有毒是好还是坏呢？

14

狼毒

在广阔的大草原上，盛开着一种美丽的花，它看起来像是一束捧花，有黄色的、白色的或者白色下部带紫色的。它就是狼毒，一听名字就知道它有毒了。一般在草原被破坏的地方狼毒最多，牛羊都离它远远的，它们都知道吃了狼毒会中毒。

小·知识

狼毒能防虫，藏族传统的藏纸就是用狼毒的根做的，这种纸放很久也不会被虫蛀。

蓖麻的果实有很多软刺，就像个小刺猬。蓖麻有毒，不能随便摸，特别是蓖麻的种子有剧毒，千万不能吃。但是蓖麻种子可以榨油。

蓖麻

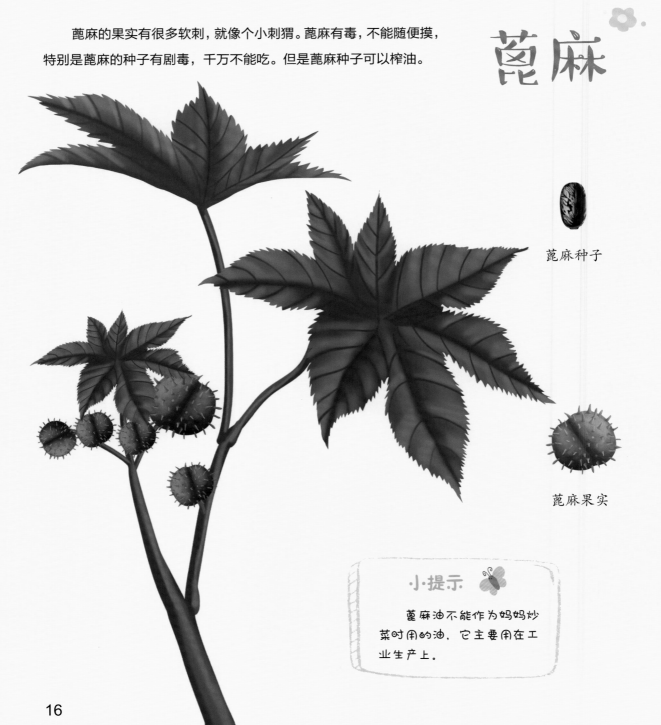

蓖麻种子

蓖麻果实

小·提示

蓖麻油不能作为妈妈炒菜时用的油，它主要用在工业生产上。

苍耳

苍耳最喜欢旅行，椭圆形的小果实上布满了带倒钩的小刺，可以轻松粘在动物的皮毛上。这样，动物跑到哪儿，它们就旅行到哪儿。如果你从田边走过，苍耳还会粘在你的裤子或者袜子上，跟着你回家呢。

苍耳全身都有毒，果实的毒性最大。

小问题

苍耳果实上的小刺粘在动物的皮毛上有什么作用呢？

苍耳果实

黄蝉生活在南方的广西、广东等地方。因为它的黄色花朵非常美丽，所以经常被种植成观赏植物。每到 7、8 月份，一片一片的黄色花海灿烂夺目，非常耀眼。黄蝉只有汁液才有毒，所以只要我们不去折枝采摘就可以了。

黄蝉

天仙子

天仙子在北方比较常见。北方的小朋友在山坡、路旁、村庄或河边很容易就能找到它们。夏天到了，天仙子就开花了，白色带淡紫色的花纹，像一个个小喇叭。天仙子虽然名字很美，花也漂亮，可是却有一种特殊的臭味。它的根、茎和叶都有毒。

飞燕草

飞燕草虽然全身都是有毒的，但会开出蓝色或紫蓝色的美丽花朵，花朵的形状像一只只飞翔的燕子，非常别致，所以在很多地方都有栽培。飞燕草的种子毒性特别大，但是只要不误食就不会影响我们观赏它。

飞翔的燕子

飞燕草的花

羊踟蹰

CHI CHÚ

"踟蹰"就是要走不走的样子，羊踟蹰就是连羊都不敢靠近、不敢吃的植物，所以羊踟蹰还有个名叫"羊不食草"。羊为什么不敢靠近？因为羊踟蹰全身都有毒，尤其花和果实更是剧毒无比。羊踟蹰在春天会开出黄色的鲜艳花朵，它们大多生长在我们国家南方的山坡、草地和灌木丛里。

小·问题

踟蹰是什么意思？

21

醉马草

一匹马从高原草地上走来，摇摇晃晃，像喝醉了一样，它是喝酒了吗？不是，它是吃了醉马草。醉马草假装成普通的草，马儿不小心吃了它，就会中毒，口吐白沫。

草原上的人们为了减少它对马的伤害，把醉马草做成笤帚，还用来造纸，也算是变废为宝了。

小·问题

如果马儿不小心误食了醉马草，会变成什么样子呢？

醉鱼草

醉马草能醉马，醉鱼草能醉鱼。醉鱼草有微毒，捣碎了扔进河里能使鱼麻醉，这样就可以轻松地捉到鱼了。

醉鱼草和醉马草的名字虽然像，但长的样子可一点也不像。醉马草生长在北方草原上，细长的叶子看起来就像普通的草；醉鱼草多生长在南方，是像小树一样的灌木，紫色小花聚在一起一簇一簇的，既美丽又芳香。

23

麦仙翁是矮矮的草本植物，会开出淡紫色的美丽花朵。如果人不小心吃了它的种子，就会肚子痛、呕吐，甚至昏迷，所以人们也叫它麦毒草。

为什么它的名字里有个麦字呢？因为它喜欢住在麦田里，在黑龙江、吉林、内蒙古和新疆等地的麦田里、路旁的草地里都能找到它。

麦仙翁

三分三

三分三？为什么要叫这么有趣的名字？原来是古时候这种植物在入药时最大量不能超过三分三钱，否则就会中毒，所以人们后来就直接叫这种植物三分三。

三分三生长的地方不多，一般在云南西北部的山坡或田埂上才能见到。

小·问题

这种植物为什么叫三分三呢？

　　有一种植物的果实像一对可爱的羊角，它就是羊角拗。羊角拗的全身都有毒，它羊角一样的果实更是含有剧毒，误吃的话生命都会有危险。

　　羊角拗多长在南方山区的树林或灌木丛中，并不常见，我们见到它的时候不要碰就可以了。

ào
羊角拗

小·问题

这种植物为什么被叫作羊角拗呢？

见血封喉

见血封喉，听到名字就知道它很可怕了。见血封喉是一种含有剧毒的大树，叶子大大的，生着鲜红色的果实，差不多是我们知道的最毒的植物了。古代猎人们在打猎时，把见血封喉的汁液涂在箭头上，被射中的猎物很快就会中毒死了。不过别太担心，见血封喉一般生长在热带雨林中，我们不常见到。它现在已经被列为国家三级保护植物了。

小·问题

这种植物为什么被叫作见血封喉？

钩吻是全身都有剧毒的植物，一般长在南方的灌木丛或者树林里。钩吻漏斗一样的花和金银花有些像，但颜色不同，钩吻是黄色或橙色，金银花会从白色变为黄色。

有些人以为钩吻是金银花，不小心吃了后会中毒甚至生命都有危险，所以在野外千万不要随意采摘或吃自己不了解的植物。

钩吻

金银花的花

钩吻的花

相思子

据说诗句"红豆生南国"里面的红豆就是相思子。相思子是像豆角一样的藤本植物，它的果实也是像豆角一样的荚果，里面的种子有一小半是黑色，一大半是鲜红色，非常漂亮，常常有人拿来做项链、手链。但我们要知道，相思子的种子含有剧毒。

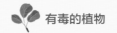
毒芹看起来跟我们平时吃的芹菜有点像，但它可是一种剧毒植物，全身都有毒，根和茎最毒。在北方的牧场，经常有牛羊不小心吃了毒芹中毒死掉。

毒芹

毒芹的花

颠茄

大个子颠茄有 2 米多高，茎带紫色。颠茄全身有毒，根的毒性很大。它的果实成熟时变为紫黑色，看着好像美味的小水果，可是却含有致命的毒素。

小问题

小朋友说说看画问号的图片是颠茄的什么部位呢？

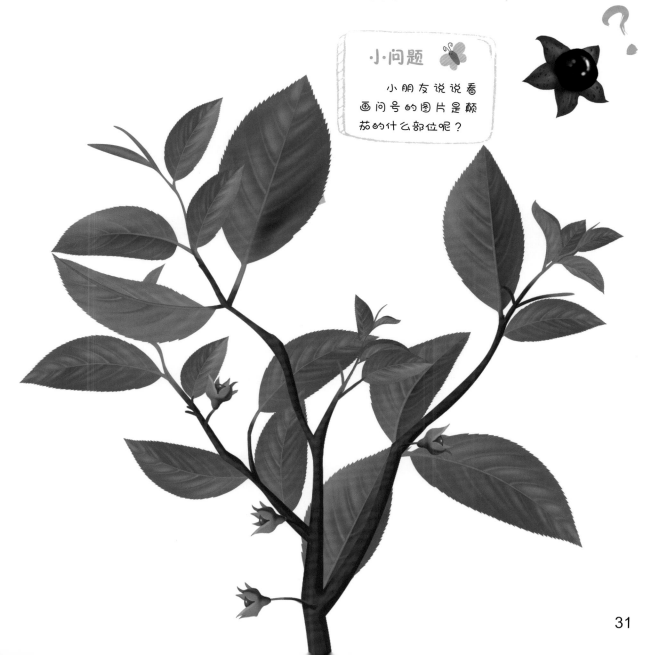

铃兰

　　有一种植物的花朵像白色的铃铛，一朵一朵又像是串在一起的风铃，害羞地低垂着头。这种可爱的植物就是铃兰。铃兰像很多兰花一样，喜欢比较阴凉湿润的地方，一般躲在北方的树林或者灌木丛下面。铃兰还会结出小小的、圆圆的红色果实，看起来非常诱人。可惜，这么可爱的铃兰也是全身有毒的植物，尤其根和花的毒性很大。看来我们只能远远地欣赏它的美丽了。

小问题

小朋友猜猜这两个分别是铃兰的什么部位呢？

32

侧金盏花

每年3、4月的早春，东北一些比较冷的地方，有一种金黄色的、茶杯一样的小花，会钻出冰雪覆盖的地面，在山坡、草地和树林下灿烂开放，它就是侧金盏花，也叫顶冰花。

侧金盏花不畏严寒，但它的全身都有毒，根部的毒性尤其大。

小问题

小朋友说说看为什么侧金盏花也叫顶冰花呢？

红毒茴喜欢生长在阴湿的地方，开深红色的花朵，它还有个名字叫莽草。

红毒茴的枝、叶、根、果实都有毒。它的果实和厨房里的调料八角非常像，有人不小心把红毒茴的果实当做八角做调料，结果导致中毒。那我们怎么区分它们呢？八角通常都有八个角，而红毒茴一般有十个以上的角；八角的尖比较直，红毒茴的尖会上翘。

红毒茴

小·问题

小朋友能认出哪个是八角，哪个是红毒茴吗？

七叶一枝花

七叶一枝花一般由 7 片左右的叶子长成一圈，几层这样的叶子中间生出花茎，开出来黄绿色花朵，亭亭玉立好像一座莲台，所以它还有个俗称叫"七叶莲"。但七叶一枝花并不是严格地长 7 片叶子，5 ~ 11 片都有可能。

七叶一枝花在南方比较常见，一般生长在树林下或小溪边的湿地上。它的果实接近球形，成熟的时候会裂开，露出里面鲜红色的种子。虽然红色的种子鲜艳诱人，但是七叶一枝花全身都是有毒的。

七叶一枝花的果实

小问题

七叶一枝花的种子是什么样子的？七叶一枝花到底有多少片叶子呢？

35

图书在版编目（CIP）数据

给小孩子看的植物书 / 张燕杰编著. -- 长春 ：吉林
科学技术出版社，2022.2
ISBN 978-7-5578-9175-6

Ⅰ. ①给… Ⅱ. ①张… Ⅲ. ①植物—儿童读物 Ⅳ.
①Q94-49

中国版本图书馆CIP数据核字(2022)第003749号

给小孩子看的植物书
GEI XIAOHAIZI KANDE ZHIWU SHU

编　　著　张燕杰
出 版 人　宛　霞
责任编辑　汤　洁
封面设计　长春美印图文设计有限公司
制　　版　长春美印图文设计有限公司
幅面尺寸　200 mm×225 mm　1/24
字　　数　45千字
印　　张　7.5
版　　次　2022年7月第1版
印　　次　2022年7月第1次印刷

出　　版　吉林科学技术出版社
发　　行　吉林科学技术出版社
地　　址　长春市净月区福祉大路5788号
邮　　编　130118
发行部电话/传真　0431-81629529　81629530　81629531
　　　　　　　　　81629532　81629533　81629534
储运部电话　0431-86059116
编辑部电话　0431-81629518
印　　刷　吉广控股有限公司

书　　号　ISBN 978-7-5578-9175-6
定　　价　99.00元（全5册）

给小孩子看的植物书

神奇的植物

张燕杰◎编著

吉林科学技术出版社

目 录

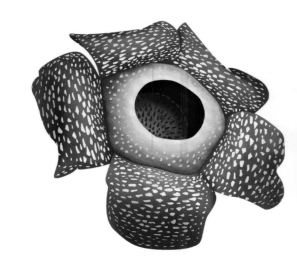

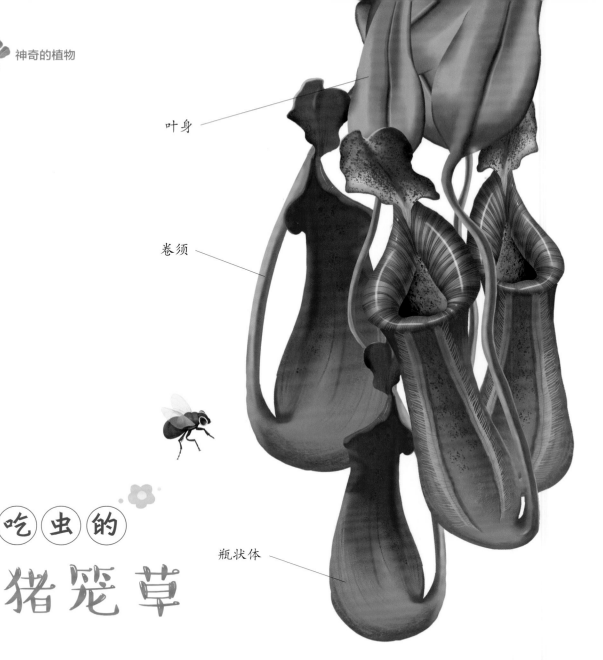

叶身

卷须

瓶状体

吃虫的
猪笼草

从来都是虫吃草，你听说过草吃虫吗？猪笼草就是能吃虫的植物！那么它是怎么吃虫子的呢？

猪笼草的叶子分为叶柄、叶身和卷须。叶柄很小。卷须尾部变大，长成瓶子的样子，瓶底膨胀得像大口袋，顶端有盖。猪笼草吃虫的秘密就在这个瓶子上。猪笼草成熟后，盖子打开，开口就会分泌出吸引虫子的汁液，贪吃的虫子被引诱到瓶子中后，瓶中的消化液就会将虫子消化掉，变成营养输送给猪笼草。

吃虫的 捕蝇草

捕蝇草是一种非常有趣的食虫植物。捕蝇草的茎很短，在叶的顶端长有一个酷似"贝壳"的捕虫夹，呈轴对称结构，左右对称的两边合起来像夹子，分开像花瓣。它可以在十分之一秒内关闭。

小·知识

食虫植物是一类具有引诱、捕捉及消化昆虫能力的植物。它们大多生长在缺少养分和阳光的地方。为了生存，食虫植物有了捕食昆虫的本领。

 神奇的植物

泰坦魔芋，被认为是世上最臭的花。它看着是一朵花，其实是由很多小花组成的。花朵在盛开时不但没有香味，还散发出很臭很臭的像动物尸体一样的味道。泰坦魔芋是花中的巨无霸，花朵的直径长 1.5 米，高将近 3 米，比小朋友的爸爸还要高哦！

小·知识

泰坦魔芋生长速度惊人，生长在热带雨林中，最怕阳光照射，一生大约只开三次花，花期仅两三天。

世界最大的
大王花

大王花没有叶子，没有花茎，不知道什么时候开花，而且花只会开几天。开花的时候发出很臭的刺鼻的味道。大王花有 5 个花瓣，花瓣总重有 10 公斤左右，差不多像两个大个西瓜那么重，花朵中间的洞大得甚至可以容纳一个小孩子，所以有些人认为大王花是世界上最大的花。

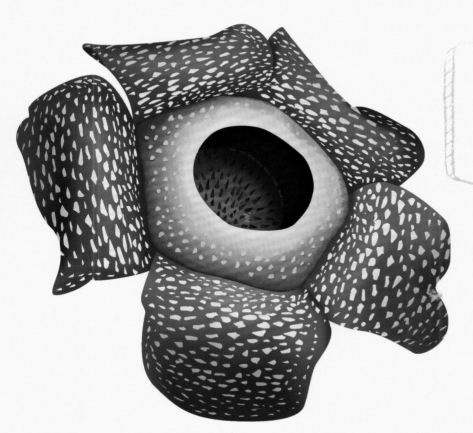

小·知识

大王花又叫食人花，但是它是不吃人的，甚至连昆虫都不吃。它的一生只能开出一朵花。

指南针植物

大多数植物都向着阳光生长，而有些植物的叶子与地面垂直，大约按南北方向排列，好像磁针指着南北一样，这样的植物被人们叫作"指南针植物"。

我国野莴苣、麻花头等都是"指南针植物"。叶片不是平面向着太阳，而是叶边向上，这样就只接受早晚阳光的斜射。这类植物这样生长是为了减少水分流失，来适应大自然的干旱和炎热。

出淤泥而不染的 荷花

荷花从污泥之中生长出来为什么不沾泥带水呢？原来，在荷叶的外表层布满了蜡质，而且有许多乳头状的凸起，凸起之间充满着空气，能够阻挡污泥浊水的渗入。

山包

空气

10

会跳舞的
舞草

草也会跳舞？只要听到优美的音乐，舞草的叶子就会随着音乐的节奏开始舞动。它的两片绿色叶子像一对舞伴，有时相拥，有时旋转。但是当声音变成杂乱的噪声时，生气的舞草就会停止舞蹈。

有"感情"的含羞草

含羞草非常害羞，叶子特别敏感，只要轻轻碰一下，就会立刻向里卷起或者垂下头。含羞草的这种因接触或震动刺激而闭合的现象是植物适应环境的表现。

小知识

含羞草"害羞"的秘密就在叶柄根部，那里有一个能膨大的组织，里面充满水分，经常胀鼓鼓的。当人的手指碰到含羞草时，组织下部细胞里的水分就立即向上面和两边流去。于是，组织下部就像泄了气的气球一样陷下去，上部就像打足了气的气球一样鼓起来，这样含羞草就会合起。

可以复活的
卷柏

小知识

卷柏能复活是因为它身体里有一种特殊的东西，能够减慢新陈代谢速度，帮它度过最干旱的天气。

在沙漠里，有一种植物——卷柏。在水分充足时，卷柏吸水后枝叶舒展，翠绿可爱；如果没有水分，枝叶就会失去绿色，蜷成一团，像枯死了一样。但是别担心，卷柏不是真的死了，它的根能自己从土壤中拔出来，蜷得像一个小拳头，跟着风跑，跑到有水的地方就停下来，重新复活变绿。

干枯的卷柏

水分充足的卷柏

13

小问题

喷瓜的射程能达到 5 米之外，
小朋友知道 5 米有多远吗？

最有力气的

喷瓜

如果说有一种果实像炸弹，你信吗？这就是植物大力士——喷瓜。喷瓜的果实能喷射，会爆炸，不但会喷水还会喷种子。这是为什么呢？因为喷瓜成熟后，果实里面挤满了有着种子的黏液，它们实在太挤了，所以只要轻轻挤压果皮，喷瓜就会"砰"地炸裂，像鼓足了气的皮球被刺破了一样。

不易燃烧的
木荷

　　我们都知道，大多数植物都怕火，但是木荷会被烤焦，却不会燃烧。这是因为木荷树叶的一半成分都是水。含水量高、油脂少，所以不易燃烧，这是木荷的特点。

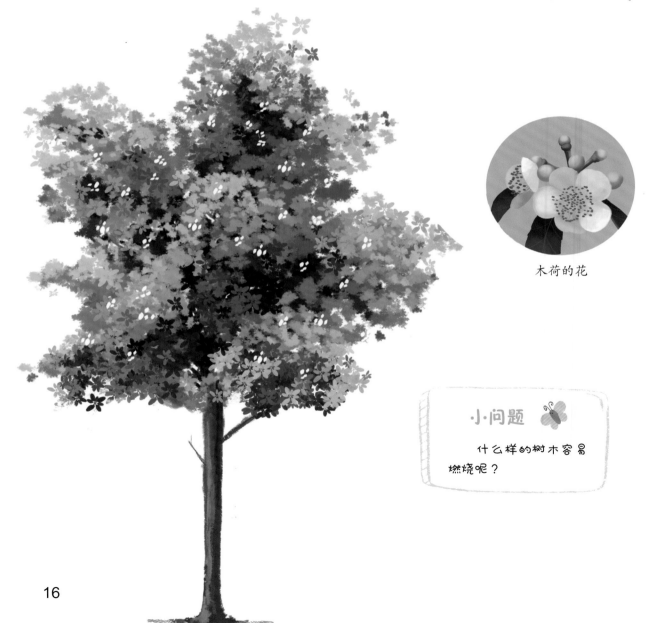

木荷的花

小问题

什么样的树木容易燃烧呢？

毒死神农的

断肠草

据说古时候人们并不知道什么粮食可以吃，什么草药可以治病，是有个叫神农的人尝遍了百草，找到了可以治病的草药。但是，神农最后就是因为吃了断肠草死的，由此可见断肠草的毒性有多大！

小·提示

很多花花草草都是有毒的，小朋友不要随便把它们放到嘴里哦。

百变的 王莲

世界上哪种水生植物的叶片最大呢？是王莲！王莲的叶子直径有 2 米以上，跟爸爸妈妈床的长度差不多，叶子边缘上卷，像一个个超大的绿色盘子浮在水面上，上面装六七十公斤重的物体都不会下沉，那差不多也是爸爸或妈妈的体重。

王莲开花的时候也很神奇，每天花的颜色都不一样，刚开是白色，然后是粉红、深红，最后是紫色。所以人们叫它"百变"的王莲。

 小问题

小朋友想想你有多高多重啊？能坐在或躺在王莲的叶子上吗？

吃饭速度最快的
狸藻

　　我们眨一下眼睛就需要 300 毫秒（1 秒 = 1000 毫秒），但是把 1 毫秒给狸藻，它就能完成一次捕食。狸藻是水中的吃虫植物，茎上长有囊，囊上有向里开的盖子，盖子上长着有触觉的长须，当小虫触碰到就会以毫秒的速度被吸进囊里。

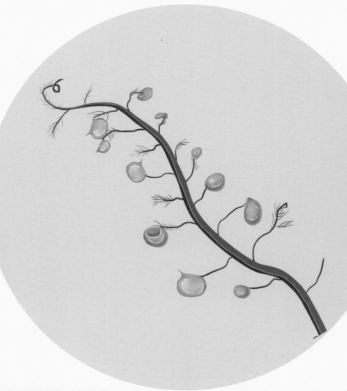

小·问题

　　1 秒的时间小朋友能做什么？1 毫秒的时间呢？

防止水分流失的 仙人掌

在沙漠中，有一种不怕干旱的植物——仙人掌。据说世界上的仙人掌有2000多个品种，最高的有20多米，最长寿的已经活了500多年。

小·知识

仙人掌没有叶子，叶子已经变成了短小的刺，刺不但能防止水分跑掉，还可以保护自己不被吃掉。

被称作吸血鬼的
菟丝子

菟丝子没有根和叶，靠缠在其他植物上吸收养分活着，被缠住的植物一般会因被覆盖失去阳光和养分而生长不良，甚至枯死。所以菟丝子被人们称为植物界中的"吸血鬼"。

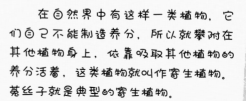

小·知识

在自然界中有这样一类植物，它们自己不能制造养分，所以就攀附在其他植物身上，依靠吸取其他植物的养分活着，这类植物就叫作寄生植物。菟丝子就是典型的寄生植物。

自我截枝的 箭袋树

箭袋树生活在干旱、酷热的环境中，所以它想了很多办法来减少水分流失，自我截枝就是其中的一个办法。每当极度缺水的生死时刻，箭袋树就会自断枝叶，枝叶纷纷自己离开树干，并将断口封住不再生长叶片。

 小·提示

懂得舍弃是植物生存的
一种智慧。

见血封喉的
箭毒木

箭毒木的树皮呈灰色，树皮、枝条、叶子中有一种白色的乳汁，含有剧毒，一旦接触到人、畜的伤口，3秒钟之内能使人、畜血液迅速凝固，心脏停止跳动而死亡。

见血封喉（箭毒木）

学名：Antiaris toxicaria Lesch

23

无根的 浮萍

植物的根就像人的血管，起到输送养分和水分的作用。人们总说无根的浮萍，其实浮萍类植物绝大部分都有根，只有最小的无根萍是无根的。浮萍的根在哪儿呢？叶背面长约 3 ~ 4 厘米、白色丝状的就是大多数浮萍类植物的根。

24

会流血的
龙血树

不同树木受伤后流出来的树脂颜色是不一样的。在云南有一种树受伤后会流出像血一样颜色的树脂，这就是龙血树。它长得像一把雨伞。

香肠树结出的果实又粗又长，看上去就像是一根根挂在树上的香肠。所以，人们叫它"香肠树"。别的植物都是靠蜜蜂、蝴蝶来传播花粉，香肠树花开的时候散发出跟老鼠一样的气味来吸引蝙蝠传播花粉。

有老鼠气味的
香肠树

果实

让人迷惑的
笑树

有一种树，风一吹它就会"哈哈哈"地发出笑声，所以人们叫它笑树。农民伯伯把它种在田边，每当鸟儿飞来的时候，听到阵阵笑声就不敢降落，从而保护了农田。

小·知识

笑树为什么会笑？因为它的每根丫杈间，都长着一个像小铃铛般的皮果，里面是许多小滚珠似的皮蕊，皮果外壳长满斑斑点点的小孔。皮蕊被风吹得来回滚动，撞击外壳，就会发出像人一样的笑声。

守时的

时钟花

时钟花不仅长得像时钟，还像时钟一样守时。它的花朵每天在太阳升起时绽放，在太阳落下时闭合，是不是很守时？

小·知识

牵牛花、芍药花也被叫作时钟花，因为它们都是在特定的时间开花。

神奇的
猴脸兰花

大自然中充满了神奇的存在，看看这画中的兰花是不是很像猴脸呢？

小·问题

小朋友，你在生活中还看到过像猴脸兰花这样的神奇植物吗？

人形的 何首乌

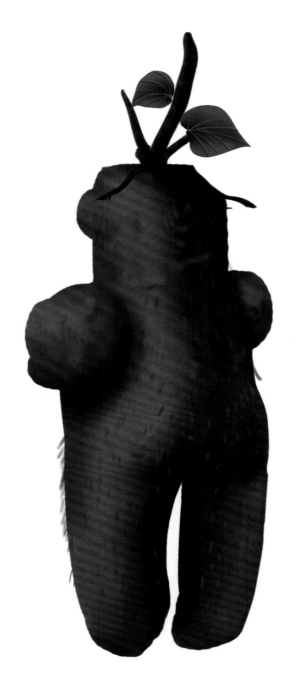

图画中这个像人形的东西就是何首乌。成熟的何首乌头部、身体和四肢都十分分明，看上去栩栩如生。何首乌可补益精血、乌黑头发，是贵重的中药材。

小·知识

中国的很多植物都可以预防、治疗疾病，它们被称为中草药。

生命力顽强的
千岁兰

千岁兰是著名的大寿星，一般寿命在 400 岁到 1500 岁之间，在沙漠里就算 5 年一滴雨也不下，千岁兰仍然能够活着。这种植物一生只有两片叶子，叶子巨大，长度可达 3 米。

小·提示

千岁兰的叶子经过风吹日晒后被撕裂成很多细片，小朋友看它像不像一只大章鱼呢？

冒充石头的
生石花

生石花喜欢住在岩床缝隙、石头之中，好像彩色的石头一样五颜六色。

红红的
嘴唇花

这种颜色鲜红的花，像不像妈妈涂了口红的嘴唇？
它就被叫作嘴唇花！

能储水的
旅人蕉

旅人蕉的叶子像一把打开的大扇子，又像孔雀正在开屏。它的叶柄根部像个小水桶一样能储存水，能为干渴的旅行者解渴，所以人们叫它旅人蕉。

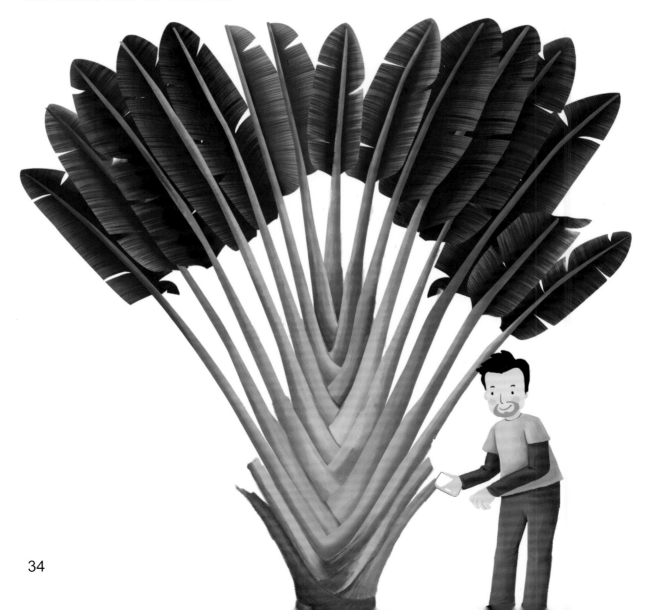

自然界中
黑色的花

小朋友有没有注意到，自然界中很少有黑色的花，为什么呢？原来黑色花是将光线全部吸收了，很少反射出来，所以容易烧伤自己，经过长期的自然淘汰，黑色花的品种就很少了。

小·知识

花为什么是五颜六色的呢？那是因为花瓣的细胞中含有各种色素。

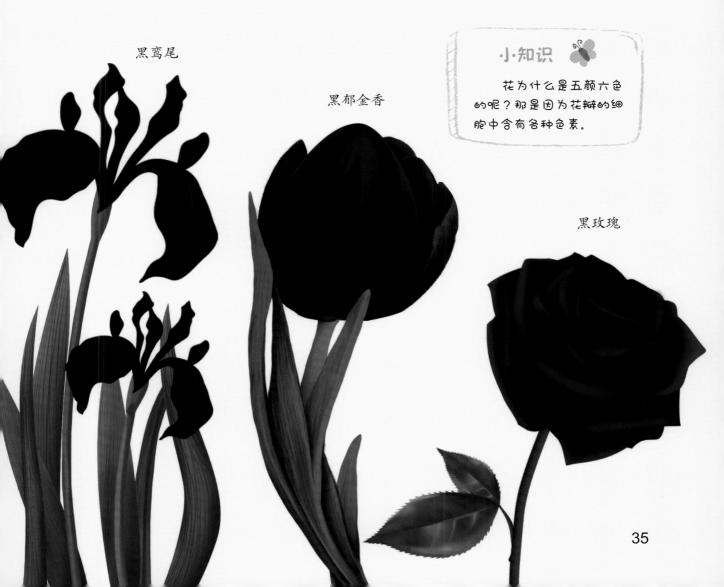

黑鸢尾

黑郁金香

黑玫瑰

图书在版编目（CIP）数据

给小孩子看的植物书 / 张燕杰编著. -- 长春 ： 吉林
科学技术出版社，2022.2

ISBN 978-7-5578-9175-6

Ⅰ. ①给… Ⅱ. ①张… Ⅲ. ①植物—儿童读物 Ⅳ.
①Q94-49

中国版本图书馆CIP数据核字(2022)第003749号

给小孩子看的植物书
GEI XIAOHAIZI KANDE ZHIWU SHU

编　　著	张燕杰	
出 版 人	宛　霞	
责任编辑	汤　洁	
封面设计	长春美印图文设计有限公司	
制　　版	长春美印图文设计有限公司	
幅面尺寸	200 mm×225 mm　1/24	
字　　数	45千字	
印　　张	7.5	
版　　次	2022年7月第1版	
印　　次	2022年7月第1次印刷	

出　　版	吉林科学技术出版社
发　　行	吉林科学技术出版社
地　　址	长春市净月区福祉大路5788号
邮　　编	130118

发行部电话/传真　0431-81629529　81629530　81629531
　　　　　　　　　　81629532　81629533　81629534
储运部电话　0431-86059116
编辑部电话　0431-81629518
印　　刷　吉广控股有限公司

书　　号　ISBN 978-7-5578-9175-6
定　　价　99.00元（全5册）